U0387052

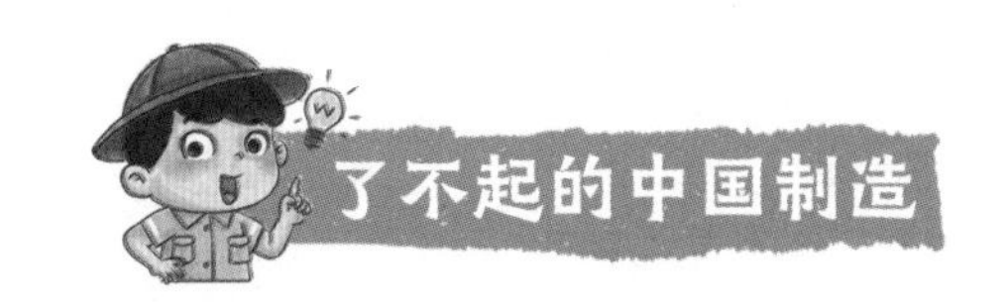

丝绸 SICHOU

茶叶 CHAYE

刘芳芳 王唯一 苏小爪◎主编

吉林科学技术出版社

图书在版编目（CIP）数据

丝绸　茶叶 / 刘芳芳，王唯一，苏小爪主编 . -- 长春：吉林科学技术出版社，2024.6
（了不起的中国制造 / 刘芳芳主编）
ISBN 978-7-5744-1084-8

Ⅰ . ①丝… Ⅱ . ①刘… ②王… ③苏… Ⅲ . ①丝绸－文化史－中国－儿童读物②茶文化－中国－儿童读物
Ⅳ . ① TS14-092 ② TS971.21-49

中国国家版本馆 CIP 数据核字 (2024) 第 057632 号

了不起的中国制造　丝绸　茶叶
LIAOBUQI DE ZHONGGUO ZHIZAO SICHOU CHAYE

主　　编：刘芳芳　王唯一　苏小爪
出 版 人：宛　霞
策划编辑：宿迪超
责任编辑：徐海韬
封面设计：美印图文
制　　版：睡猫文化
幅面尺寸：226 mm × 240 mm
开　　本：12
印　　张：6.5
页　　数：78
字　　数：57 千
印　　数：1-6000 册
版　　次：2024 年 6 月第 1 版
印　　次：2024 年 6 月第 1 次印刷

出　　版：吉林科学技术出版社
发　　行：吉林科学技术出版社
地　　址：长春市福祉大路 5788 号
邮　　编：130118
发行部电话 / 传真　0431-81629529　81629530　81629531
81629532　81629533　81629534
储运部电话：0431-86059116
编辑部电话：0431-81629518
印　　刷：吉林省吉广国际广告股份有限公司

书　　号：ISBN 978-7-5744-1084-8
定　　价：49.90 元

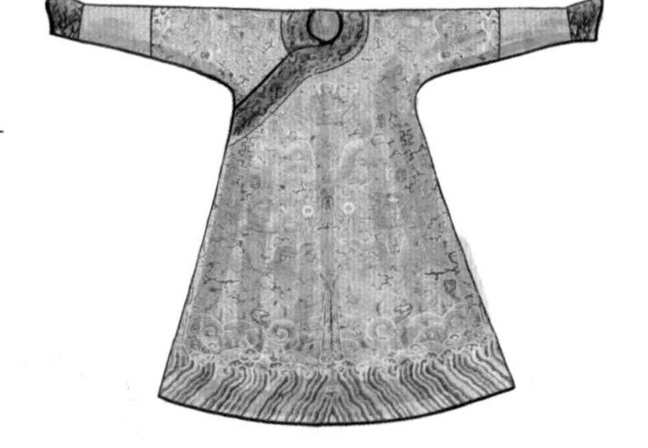

前言

提起影响世界的中国发明，你可能想到了指南针、造纸术、印刷术和火药，对吧？这些发明在古代中国的政治、经济和文化发展中起了巨大作用，而且还传播到了西方，对全世界都产生了深远影响。

然而，这些发明只是冰山一角，我国古人的智慧远不止于此。《了不起的中国制造》系列图书将带你探索更多更有趣的中国古代发明。五本书共介绍了青铜器、陶瓷、丝绸、茶叶、农具、兵器、船舶、桥梁、乐器和笔墨纸砚。每本书都以生动有趣的方式展示了发明的过程和发展进程，以及它们在中国历史上的重要地位和对全球文明进程的影响。

这些发明展现了古代中国人的智慧和勇气，他们通过改变生活方式和影响世界，给现代人留下了深刻的印记。跟随书中的讲解和有趣的画面，你会被古代科技的艺术魅力所吸引，仿佛穿越时空，亲身体验古人是如何改变生活的。

发明创造从来都不是易事。这些发明不仅是技术和艺术的结晶，更是古代智慧的瑰宝。通过了解这些发明，不仅能够提升自己的创造力和解决问题的能力，还能深入了解了不起的中国创造。

让我们一起踏上探索中国古代非凡创造的旅程吧！

丝绸

丝绸的起源——嫘祖始蚕

相传，黄帝的妻子嫘祖是一位非常聪明的女人，我们中国人学会种桑养蚕，最早就是从她开始的。

很久很久以前的一天，嫘祖偶然间发现树上的蚕在吐丝，这种丝不仅洁白透明，而且很结实。

于是，她把这个发现告诉了其他人，教大家养蚕取丝，又将丝线织成了一种柔软、光滑、轻盈的布料，这种布料就是世界闻名的——丝绸。

位于河南省驻马店市西平县的嫘祖塑像

三星堆出土的青铜扶桑神树

蚕桑信仰

在古代，人们认为蚕丝是一种神圣的礼物，蚕是一种神奇的动物，要得到好的丝绸必须先养好蚕宝宝。为了让蚕生长得更好，人们开始种桑树，桑树的叶就是蚕的食物，而桑树则成为与蚕和丝绸紧密相联的植物。人们对蚕的重视，甚至演变成了蚕桑信仰。

桑树被称为“生命树”，人们认为桑树可以与天神沟通。

在中国各地，还有一些蚕神庙、蚕祠等，供奉着蚕神，蚕宝宝们也被看作吉祥物。

相传小满为蚕神诞辰。当天各地蚕神寺庙开锣演戏，以庆祝蚕神诞生和预祝丰收。

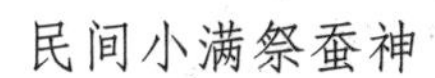

民间小满祭蚕神

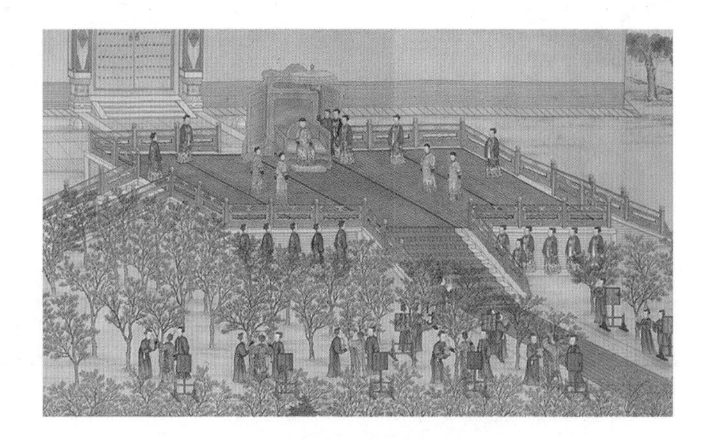

清·郎世宁《孝贤纯皇后亲蚕图》（局部）

蚕丝的生产也受到历代王朝的重视，形成了祭祀蚕神的“先蚕之礼”。

从周朝开始，王后就要祭祀蚕神，以之为天下织妇的榜样。

丝绸是如何被制造出来的？

种桑和养蚕是古代农业的重要支柱。

彩图5　甘肃酒泉丁家闸五号墓壁画采桑图（摹本）

蚕丝织造技术是我国古代最具特色和代表性的纺织技术。

缫丝：把蚕茧放在沸水中煮烫脱胶，用木棍挑起蚕丝，合成一缕。

练丝：进一步去除丝胶，让丝更为洁白柔软、有光泽。

印染：用矿物或草本颜料将丝染成不同的颜色。

织造：将丝线放到织机上，纺成各种丝织品。

了不起的中国丝绸——概览

新石器时代：中国开始养蚕织丝。

商代：丝织成为全国性产业。

春秋战国：黄河与长江流域蚕桑与丝织业已普遍存在。

明清：丝织生产的第三个发展高峰。皇帝设立江南织造府，形成了一批以丝织业为主的集镇。

周代：出现了精美复杂的锦。

两汉

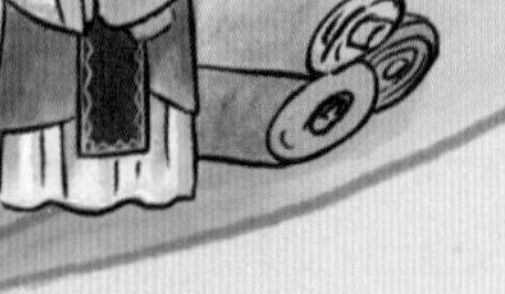

两汉：中国丝绸发展的第一个高峰。官营作坊和私人作坊开始兴盛，形成丝绸产区。

魏晋南北朝

魏晋南北朝：颁布户调制，以丝织品代替货币纳税。

唐宋

唐宋：丝织生产的第二个高峰。养蚕和丝织出现了分工，图案纹样大突破，缂丝工艺出现。

元代

元代：织金锦开始流行。

新石器时代

5000 多年前，我国长江流域的先民，已经把野蚕驯化为家蚕，并用蚕丝进行纺织。

“世界丝绸之源”——浙江湖州钱山漾出土的 2 平方厘米的丝绸残片，是保留至今的世界上最早的丝绸实物。

浙江钱山漾遗址出土的丝绸残片

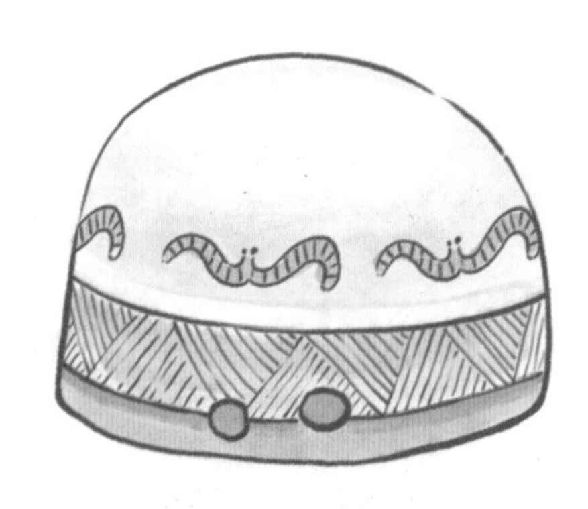

浙江余姚河姆渡遗址出土的象牙杖首饰上，发现了蚕纹图案。

有趣的冷知识：

丝绸的单位为什么是“匹”？

古文字中的“匹”，就是丝织成布后，人们把它对折后卷起来存放的样子。

一匹布有多长?

古代一匹为四丈，大概就是 13 米。

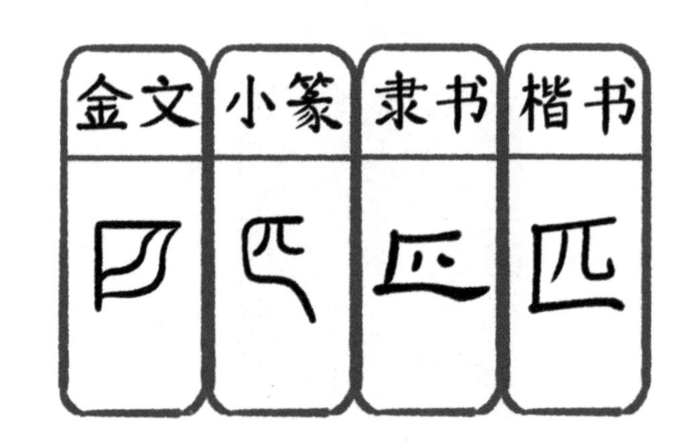

商代

黄河流域已经有了相当发达的养蚕技术，丝织活动已成为全国性产业。

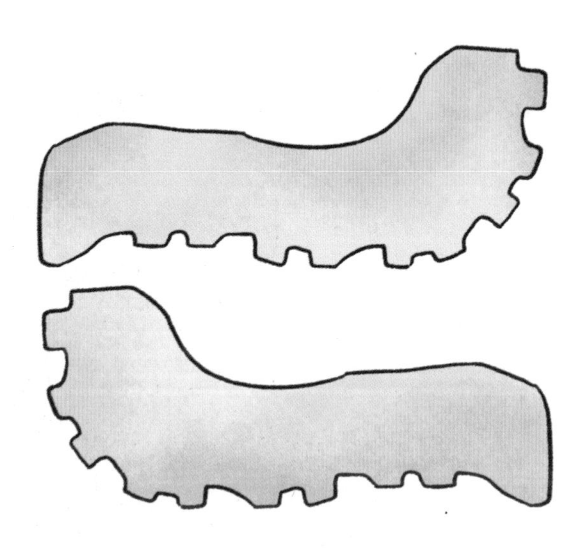

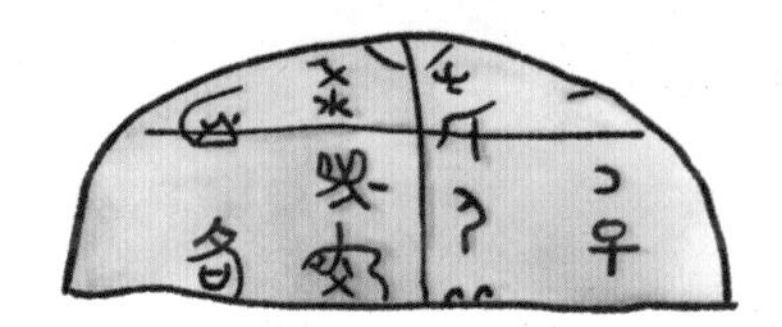

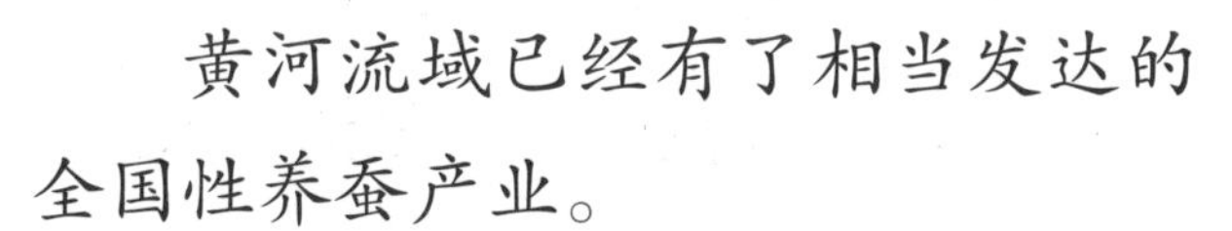

河南安阳殷墟妇好墓出土的
玉蚕，雕琢逼真。

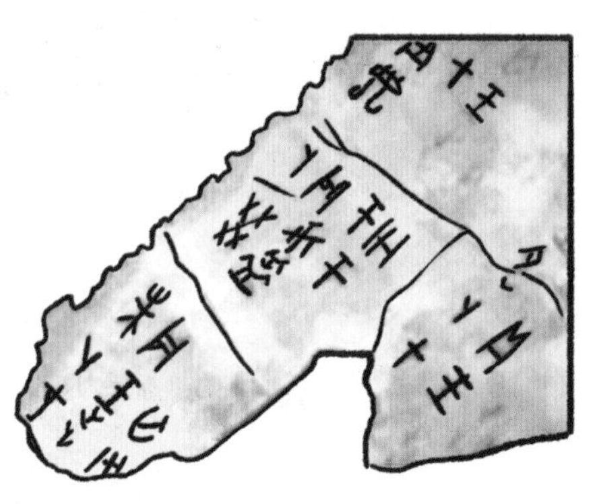

甲骨文中，已有了蚕、桑、丝、帛
等象形字的记载。

黄河流域已经有了相当发达的
全国性养蚕产业。

周代——锦的出现

周代丝织品的种类显著增多。其中锦的出现，对中国纺织技术的影响极为深远。

织锦的生产工艺复杂，耗时长，其价值相当于黄金，是权力地位和财富的象征。

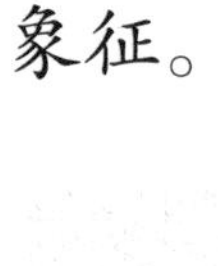

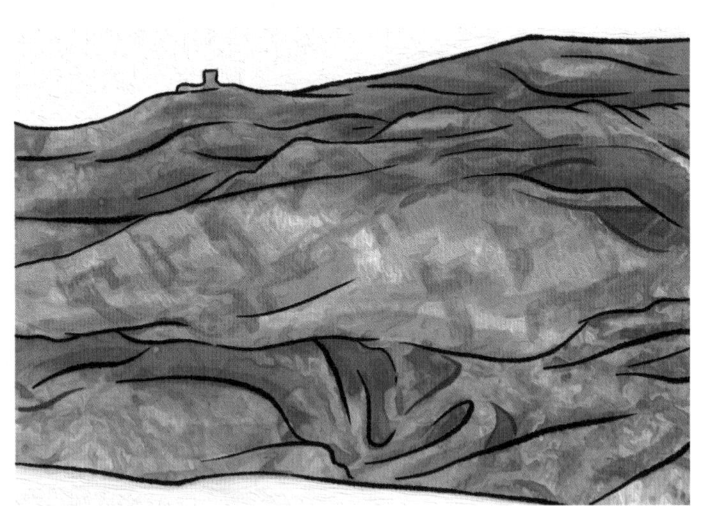

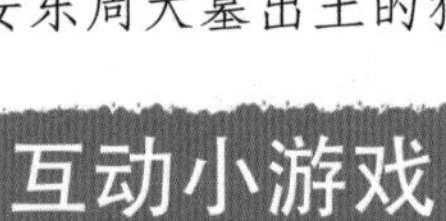

靖安东周大墓出土的狩猎纹锦

互动小游戏

“锦”的美好寓意

“锦”字由“金”和“帛”组合而成，足以表明它的贵重。

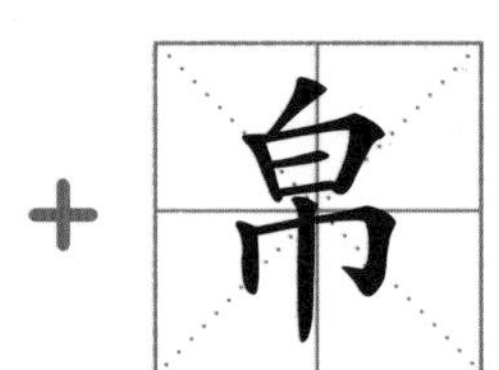

锦 = 金 + 帛

四大名锦

在我国众多的锦中，最为著名的有云锦、蜀锦、宋锦和壮锦，合称“四大名锦”。

云锦：产地南京，可追溯到魏晋南北朝时期，是明清时期皇家御用品。

蜀锦：成都别称“锦官城”即得名于此，是丝绸之路的主要交易品之一。

宋锦：产地苏州，因兴盛于宋代而得名。

壮锦：广西壮族自治区传统的丝织物，色彩斑斓，有民族特色。

四大名绣

苏绣

特点：图案秀丽，色彩和谐，线条明快，针法活泼，绣工精细。

湘绣

特点：色彩丰富饱满，色调和谐，图案借鉴了中国画的长处。湘绣的狮、虎题材，形象逼真，栩栩如生。

粤绣

特点：针步短，色彩浓艳，花纹生动写实，多为百鸟、龙凤等图案。

蜀绣

特点：针脚整齐，线片光亮，紧密柔和。

春秋战国时期

春秋战国时期，丝织品的产量和质量都有了大幅度提高。丝绸上出现了各种装饰纹样，如云雷纹、菱形纹；神话故事中的生物，如巨龙和凤凰；还有写实的生活场景，如跳舞、狩猎场景等。

丝绸纹样更加灵动鲜活，并出现了“蟠龙凤纹”等华丽的图案。蚕桑丝织文化，也进入中华历史典籍及文物中，有了更多的艺术表现形式。

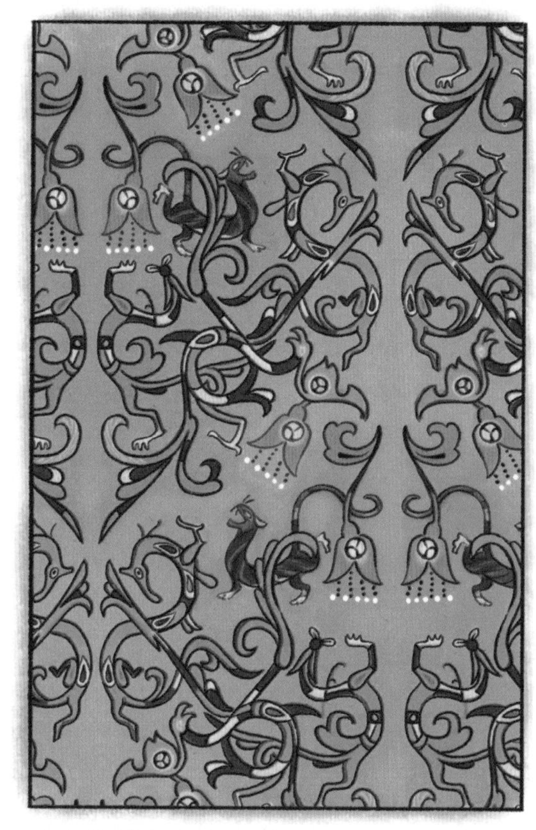

马山楚墓出土的织锦上，有“龙凤虎纹”

战国铜器上的采桑图

吴、楚桑蚕之争

春秋时期，国与国之间的争斗虽使得人民遭受祸乱，但也意外地促进了彼此间的文化交流。

吴国和楚国打仗，吴国胜利后抢走了楚国的财宝和先进的丝织技术。由此吴国丝绸产量迅速提高。

后来，吴国又和越国打仗，一开始越国输了。但是，越王勾践听从了范蠡的建议，开始大搞农业，育蚕织绸，越国的国力飙升，在公元前 473 年灭了吴国。此后，越国融合了吴国的技术，丝织技术大幅提升。

再后来，楚国又打败了越国，占领了吴越地区。吴、越、楚三地的丝绸生产技术再次得到交流，丝绸的种类在互相借鉴的过程中变得更加多样化，比如帛、采、罗、縠、纱等。

两汉时期——丝织产业的第一个发展高峰

官营作坊和私人作坊开始兴盛，各家各户均种桑养蚕，丝织业成为最普遍的手工业。中原地区、四川地区和关中地区等丝绸产区形成。

汉代画像砖上的纺织图

《桑园》画像砖（成都博物馆藏）

画像石上的织机图（成都博物馆藏）

稀世珍宝——“素纱禅衣”

1972年，湖南长沙马王堆一号汉墓出土了一件稀世珍宝——“素纱禅衣”，这件禅衣长128厘米，袖长约190厘米，重量却只有49克，折叠起来可以装进一个火柴盒中，最能代表汉代高超的丝织工艺水平。

绒圈锦：用作衣物边缘的装饰，由复杂的提花机织成，纹样立体。
印花敷彩纱，表明当时在印染工艺方面达到了很高的水平。这也是中国首次发现的古代印花丝织品实物。
真美！薄如云霞，轻如羽翼！

蜀锦

四川成都一带所产的特色锦，有2000 多年的历史，是一种具有汉民族特色和地方风格的多彩之锦，在我国丝绸发展史上占据重要的地位。

国宝级文物“五星出东方利中国”锦护臂
新疆尼雅遗址出土

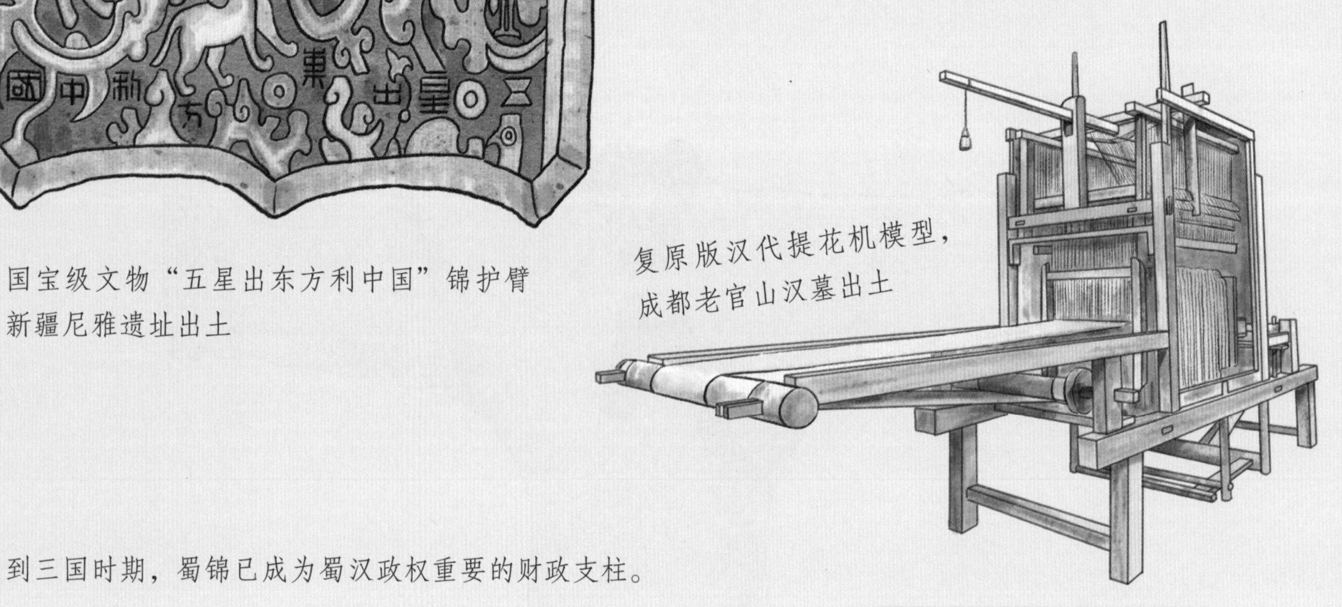

复原版汉代提花机模型，
成都老官山汉墓出土

到三国时期，蜀锦已成为蜀汉政权重要的财政支柱。

魏晋南北朝——户调制

建安九年（204），曹操正式颁布户调令，从征收货币改为征收丝织品。

以后交税不用钱了，每家直接交绢2匹、绵2斤就可以了！
告示
那就方便了，以后好好织布就行啦！

唐宋时期——丝织产业的第二个发展高峰

这个时期，养蚕和纺织出现了分工。

许多人不再种桑养蚕，而是脱离了农业生产，专门从事纺织生产。这种家庭作坊，称为“机户”。

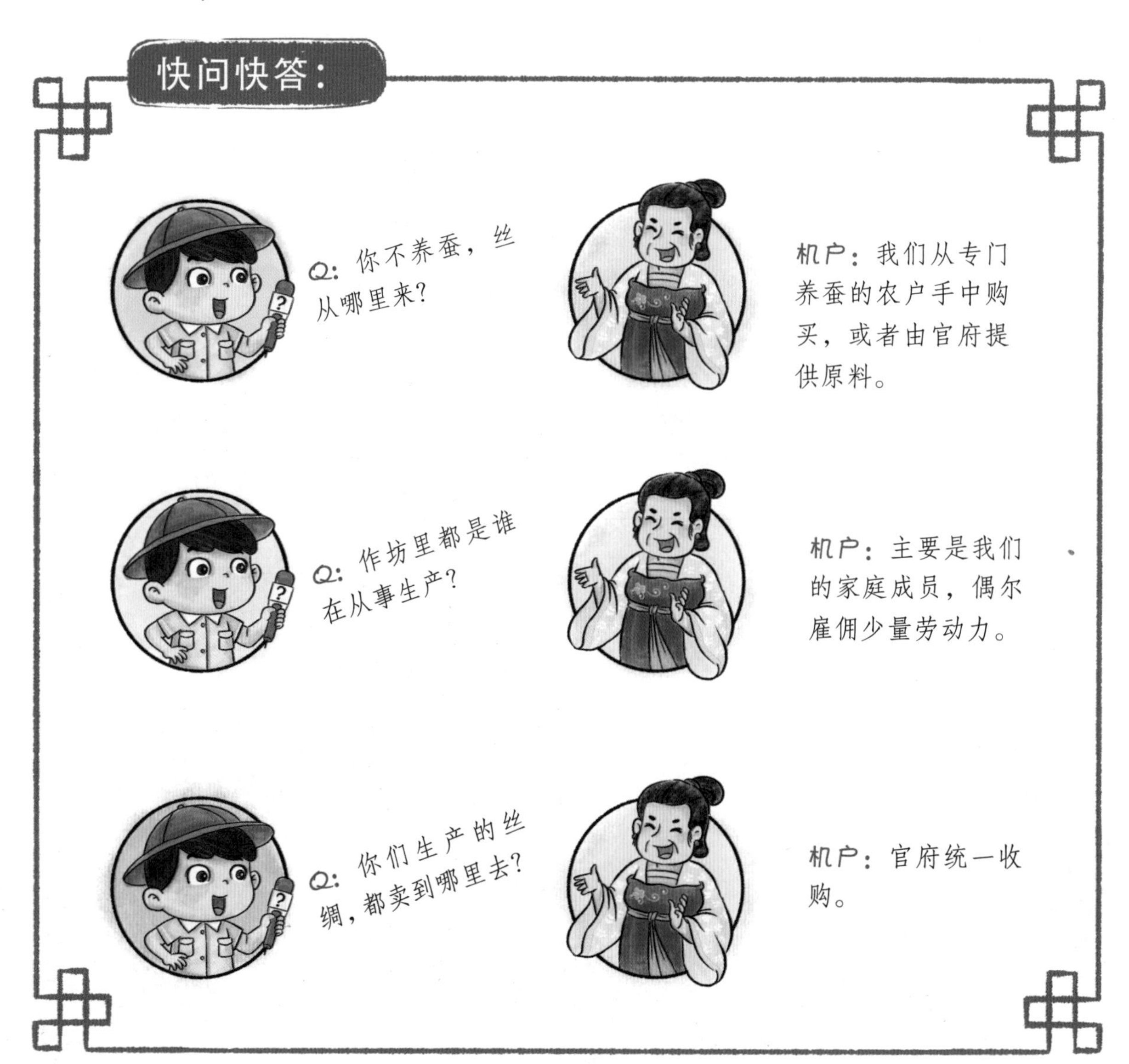

快问快答：
Q：你不养蚕，丝从哪里来？
机户：我们从专门养蚕的农户手中购买，或者由官府提供原料。
Q：作坊里都是谁在从事生产？
机户：主要是我们的家庭成员，偶尔雇佣少量劳动力。
Q：你们生产的丝绸，都卖到哪里去？
机户：官府统一收购。

印花图案大突破

随着印花加工技术的发展，丝绸制品的图案更为丰富。图案讲究对称整齐，且具有动感优雅的曲线美。

动物花纹

宝相花纹

植物花纹

小朋友，试着给上面的纹样涂上颜色吧。

互动小游戏

请设计 5 个空白的花纹

唐代贵族女性的华服与奢靡生活

《杨贵妃教鹦鹉图》 内蒙古赤峰市阿鲁科尔沁旗博物馆藏

唐玄宗时，册封杨玉环为贵妃。宫中光是为她缝制衣裳的织工，就多达700名，可见唐玄宗对杨贵妃的宠爱至深，不惜花费巨资满足贵妃奢靡的生活。

《虢国夫人游春图》

杨玉环的三姐虢国夫人及其眷从盛装出游。

一寸缂丝一寸金

缂丝，是唐宋时期出现的新工艺，使用织机和梭子就能织出精细的花纹。工艺复杂，非常费功夫，光是织一件妇人的衣服，就需要一年时间。

南宋·沈子蕃，《桃花双鸟图轴》

宋·朱克柔，《缂丝花鸟》（局部）

苏州宋锦

宋锦色泽华丽，图案精致，质地坚柔，以苏州生产的最为有名，被誉为“中国锦绣之冠”。

北京故宫博物院保存的彩织《极乐世界图轴》为佛教图卷，代表着我国宋锦的最高水平。

宋锦质地柔韧，坚固耐磨，可用于书画装裱及陈设装饰等领域。

元代——织金锦

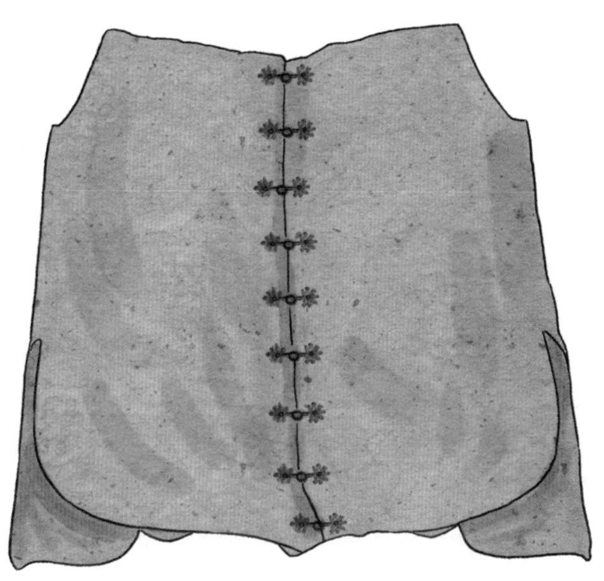

元代菱花织金锦抹胸（甘肃省博物馆藏）

元代的皇室贵族为了显示他们的豪奢富贵，喜欢在丝织品上大面积地加入金银线，织造花纹。

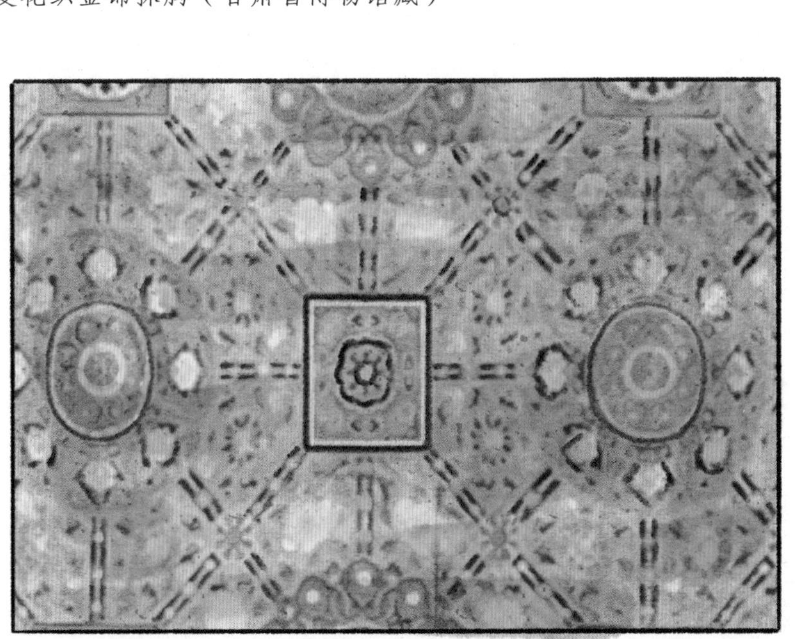

元代八达晕织金锦

元代织金锦图案有浓郁的伊斯兰风格。

明清时期——丝织产业的第三个发展高峰

长江流域成为全国蚕桑和丝织业最发达的地区，出现了一批以丝织业为主的集镇。

南京云锦

以金线银线、铜线及蚕丝、绢丝及各种鸟羽兽毛等为原料，色彩典雅富丽，似天上五彩云，故名云锦。传承皇家织造传统，专供宫廷，代表着我国织锦技艺的最高水平。

冷知识：“衣冠禽兽”本来是个褒义词！

明清时规定，文官官服上绣飞禽，武官官服上绣猛兽’用不同的飞禽走兽来代表官员品级的大小。所以，当时说“衣冠禽兽”是指做官的人。

只是后来官员贪污腐败严重，百姓痛恨他们，骂他们是“禽兽”，这时“衣冠禽兽”才变成了骂人的贬义词。

清一品刺绣仙鹤补图

清二品锦鸡纹补图

清三品缂丝孔雀纹补图

江南三织造

明清时期，皇帝在江宁、苏州、杭州三地设织造局，专门生产宫廷御用和官用的各类纺织品。

三大织造各有各的绝活：

我们天衣无缝！天子的朝服没有接缝！

江宁织造

缂丝我最强，天下独一无二！

苏州织造

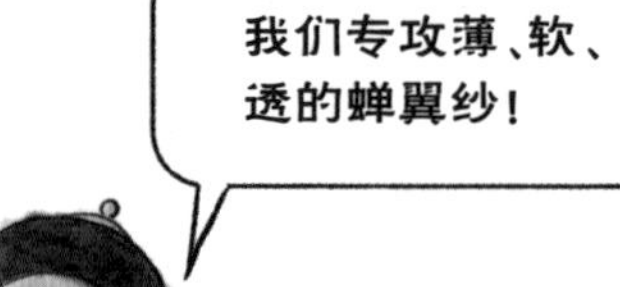

我们专攻薄、软、透的蝉翼纱！

杭州织造

《红楼梦》中的丝绸织锦有多美？

《红楼梦》中有大量关于服饰的描写，展现了清代丝织业的发展状况。

我祖父和舅外祖父都在江南织造做过官，丝织业我最熟悉！

黛玉的窗纱怎么那么旧了！快去库房把那几匹软烟罗拿来！

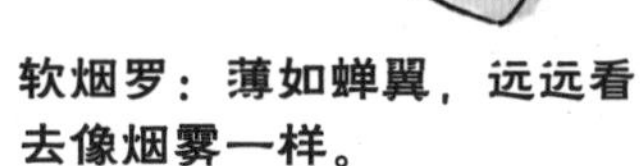

软烟罗：薄如蝉翼，远远看去像烟雾一样。

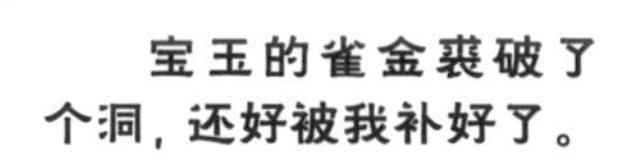

宝玉的雀金裘破了个洞，还好被我补好了。

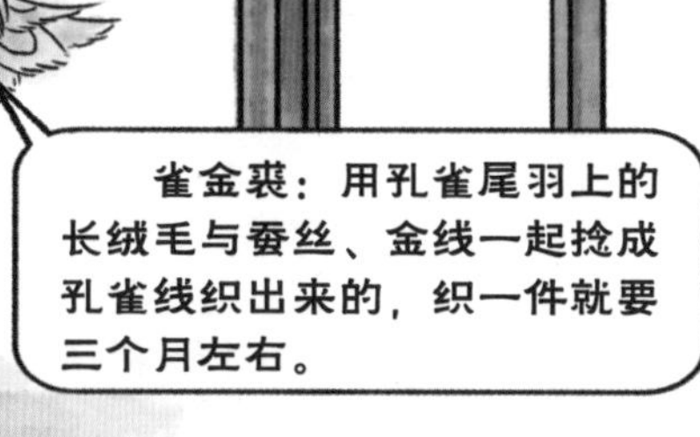

雀金裘：用孔雀尾羽上的长绒毛与蚕丝、金线一起捻成孔雀线织出来的，织一件就要三个月左右。

丝绸之路的开拓

张骞出使西域

“花了13年，见识了多个国家。”

这下看匈奴还敢不敢堵我们的路。

汉武帝大破匈奴，首开丝绸之路

没有遇到妖怪，但翻山越岭，路上也不太平。

玄奘西行取经

陆上丝绸之路

随着汉王朝与西域各国开始交往，中原精美的丝绸和其他物品也源源不断地向西输送，逐渐形成一条横贯亚欧大陆的贸易通道。

西汉时期，汉武帝派张骞出使西域，开辟了最初的丝绸之路。以首都长安（今西安）为起点，经甘肃、新疆，到中亚、西亚，到达地中海，至罗马为终点，全长 6440 公里。

随着汉王朝与西域各国开始交往，中原精美的丝绸和其他物品也源源不断地向西输送，逐渐形成一条横贯亚洲大陆的贸易通道，“丝绸之路”也被认为是连结亚欧大陆的古代东西方文明的交汇之路。

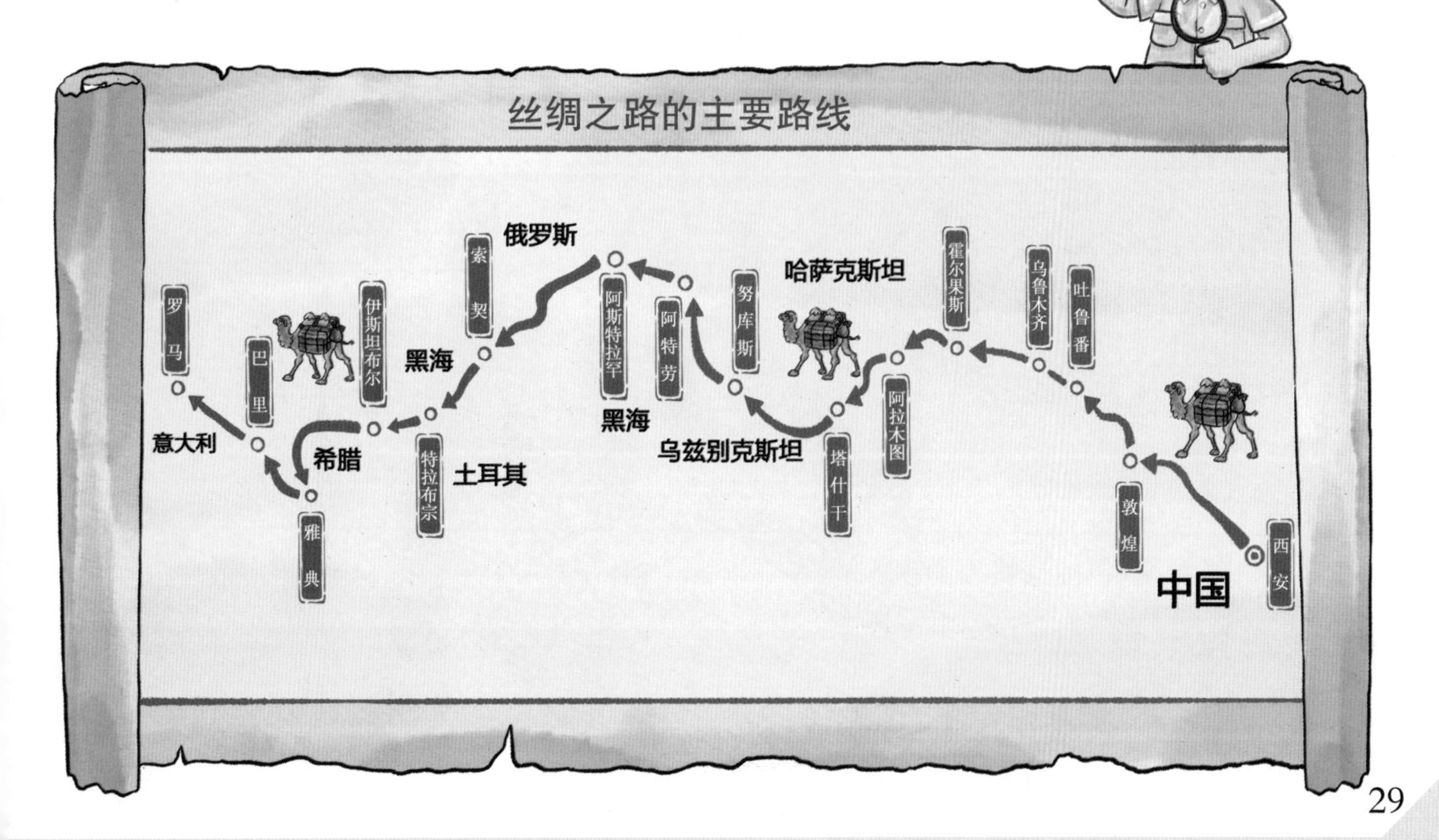

中国丝绸——西方人争相追捧的奢侈品

我国丝绸的历史，在世界上许多国家都有相关记载。丝绸制成的服装、饰品，在西方一度成为高贵时髦的象征。

西方特色的丝绸制裙和套装
（中国丝绸博物馆藏）

缎面女鞋
（中国丝绸博物馆藏）

有趣的历史小故事

古代中国严禁输出蚕桑丝织技术，外国人是如何学习的呢？

公主请嫁给我，顺便把蚕桑种子带出来！

办法一：和亲

把蚕卵和桑树种藏竹杖里就偷偷带出关了。

办法二：走私

日本：我们近水楼台，学技术容易多了！

南北朝时期　　隋唐时期　　宋朝

花喰鸟刺绣裂残片（日本奈良正仓院藏）

博多织

宋代日本人借鉴中国技术改造的织机设备，生产的纺织品带动了日本丝织业的兴起。

海上丝绸之路

狭义的丝绸之路一般指陆上丝绸之路，包括沙漠丝绸之路、草原丝绸之路、西南丝绸之路及东亚丝绸之路等。广义的丝绸之路分为陆上丝绸之路和海上丝绸之路。

郑和七下西洋，促进了沿线各国的贸易往来。

“南海一号”沉船

向外运送瓷器时失事的南宋古船，满载逾18万件珍宝。

21 世纪丝路的新生——“一带一路”

“一带一路”是中国为适应当今国际经济文化新格局变化而提出的，以经济合作为基础，以人文交流为重要支撑，以开放包容为合作理念的倡议。它在经济和文化领域都具有不可估量的重大意义。

一带：“丝绸之路经济带”（涵盖我国新疆、重庆、陕西、云南、甘肃等地）

一路：“21 世纪海上丝绸之路”（涵盖我国上海、福建、广东、浙江等地）

“一带一路”贯穿亚非、欧非大陆，连接东亚与欧洲经济圈，是促进共同发展、实现共同繁荣的合作共赢之路。

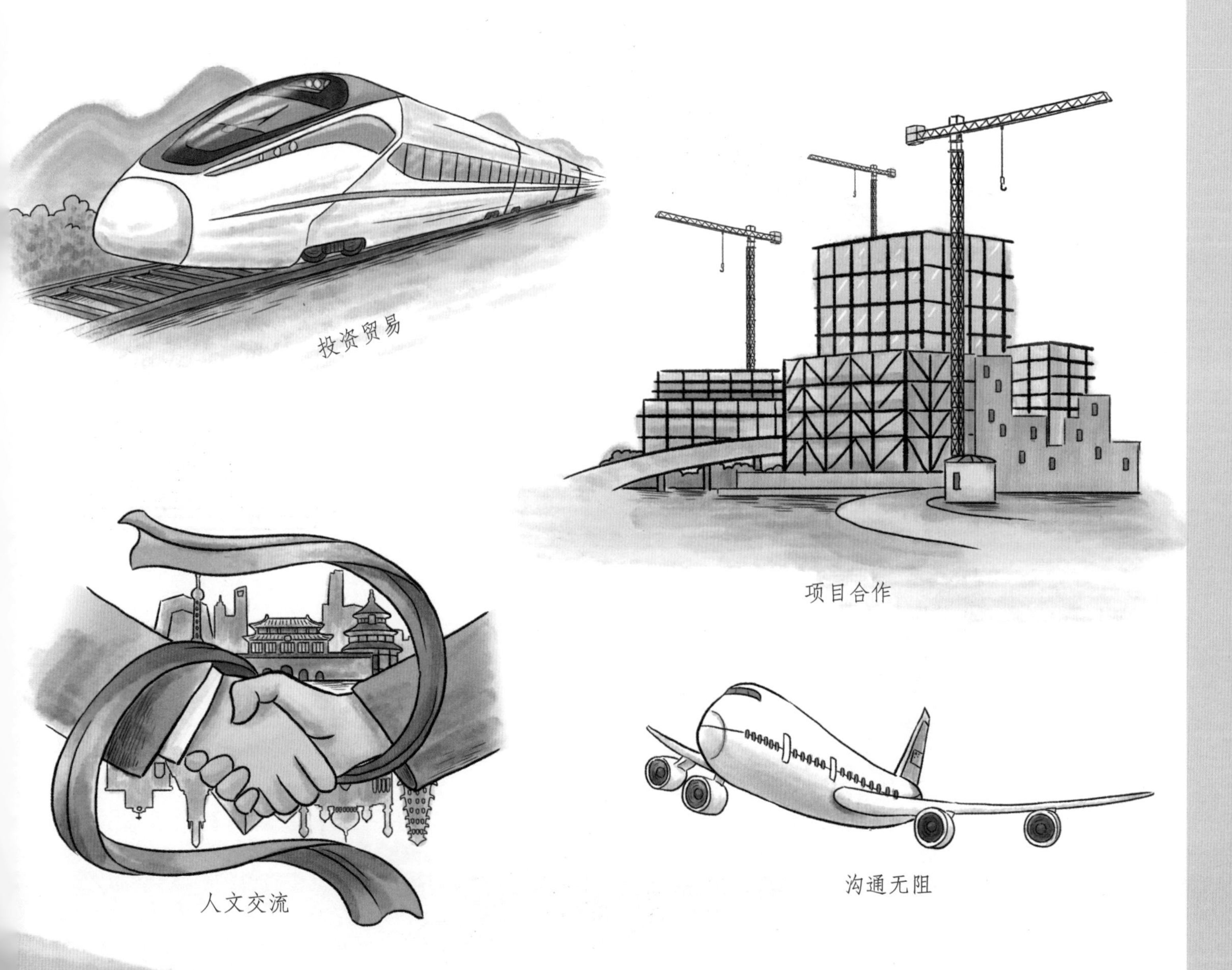

丝绸的现代用途

今天的丝绸，除了做服饰、家居陈设之外，用途还十分广泛。

化工行业
丝绸具有非凡的柔韧性，成本低，是理想的过滤材料。

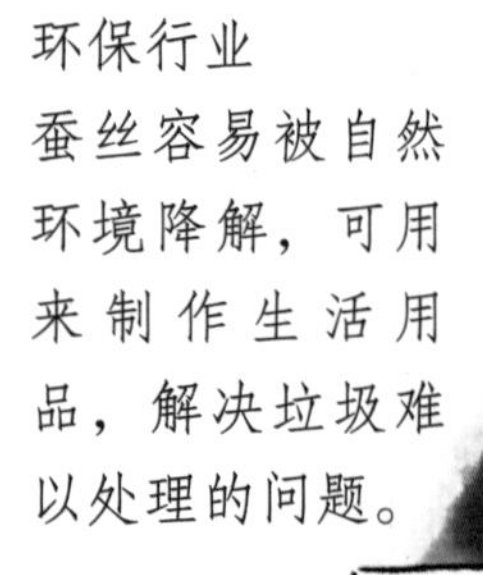

环保行业
蚕丝容易被自然环境降解，可用来制作生活用品，解决垃圾难以处理的问题。

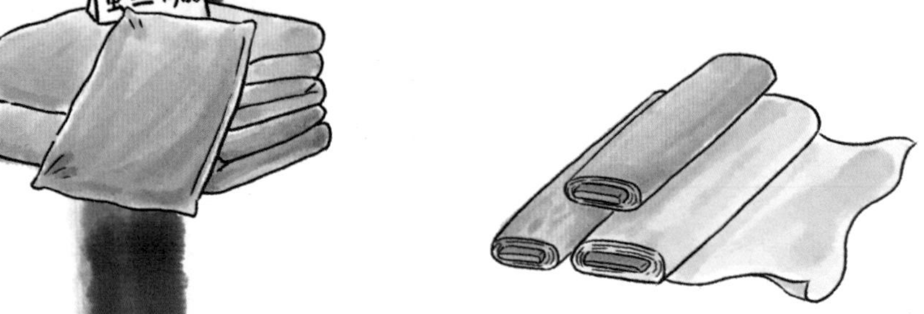

医疗行业
蚕丝容易被人体吸收，可以做人工皮肤、伤口缝合线及医疗器械等。

智能领域
蚕丝有出色的生物兼容性，可参与人体集成传感器，为传统材料注入新活力。

茶叶

中国是茶的故乡

你喝过茶吗？你知道怎样泡茶吗？

如果家里有客人来访，你可能经常会听到爸爸妈妈问："您喝茶吗？"明明生活中有那么多饮品，为什么只提到"茶"呢？

其实，这与中国的茶文化有着很重要的关系。饮茶不仅是一种生活习惯，更是一种源远流长的文化传统。我们现在就来说说中国最具有文化内涵的"饮料"——茶叶。

中国是世界上最早发现茶叶和利用茶叶的国家。

神农尝百草

传说，神农氏为了给天下百姓治病，跑到山上尝遍了各种草药。

一次，神农氏偶然间尝到了茶树的叶子，发现茶叶竟然能解毒，还有助于提神醒脑。

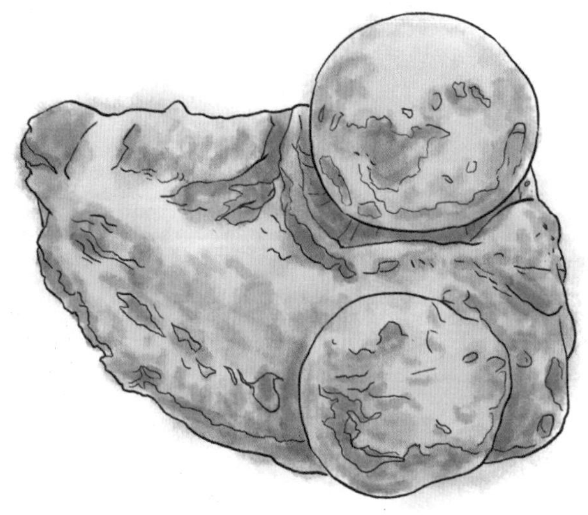

从此人们发现了茶叶的价值，并渐渐养成了喝茶的习惯。

在我国西南山区的原始森林中，有全世界面积最大的野生大茶树群落。其中很多大茶树已经超过 1500 岁啦！

1980 年，科学家在贵州晴隆县云头大山深处，发现了地球上最古老的茶子化石，距今至少 100 万年。

认识茶树

茶叶——神奇的“东方树叶”，俗称茶，一般包括茶树的叶子和芽。

茶叶源于中国，茶叶最早是被作为祭品使用的。但从春秋后期就被人们作为菜食，在西汉中期发展为药用，西汉后期才发展为宫廷高级饮料，并逐渐作为普通饮料在民间流行。从此，茶叶成为中国各族人民普遍喜爱的一种饮料。

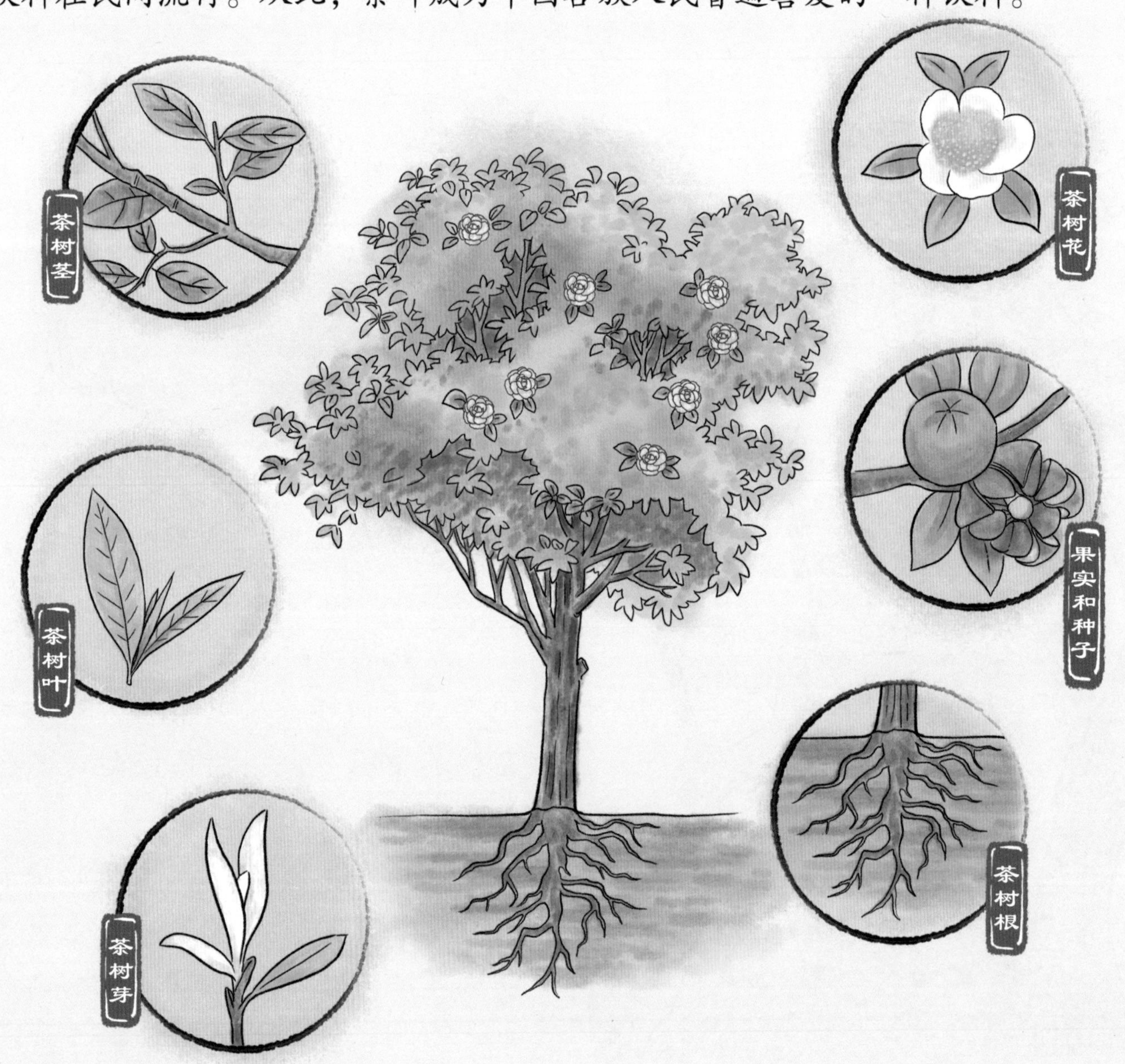

茶叶的生长环境

茶树主要生长于我国南方，分为四大茶区：

江南茶区（长江以南，包括浙江、湖南、江西和安徽南部，江苏、湖北南部等地）

江北茶区（长江以北，秦岭—淮河以南地区）

西南茶区（贵州、四川、云南和西藏东南部等地）

华南茶区（包括福建中南部、台湾、广东中南部、海南、广西等地）

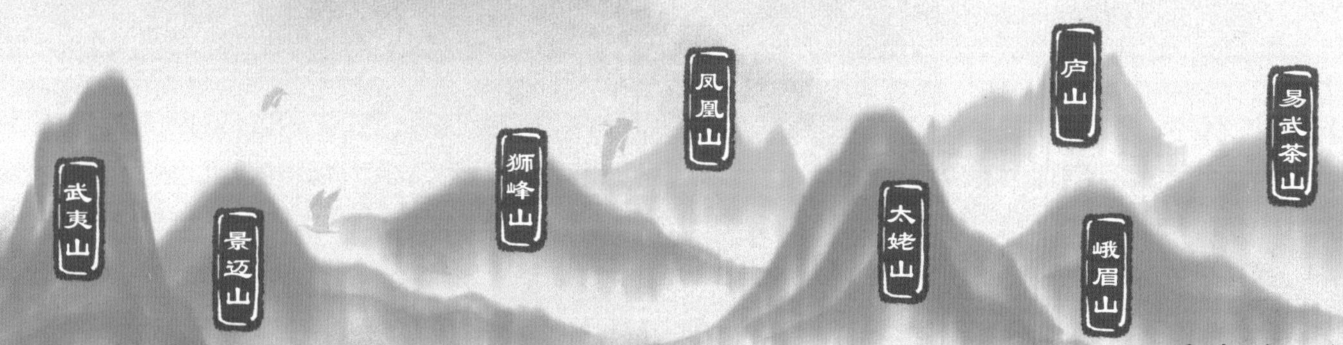

（武夷山、景迈山、狮峰山、凤凰山、太姥山、庐山、峨眉山、易武茶山）

要想茶叶长得好，四大“帮手”不能少！

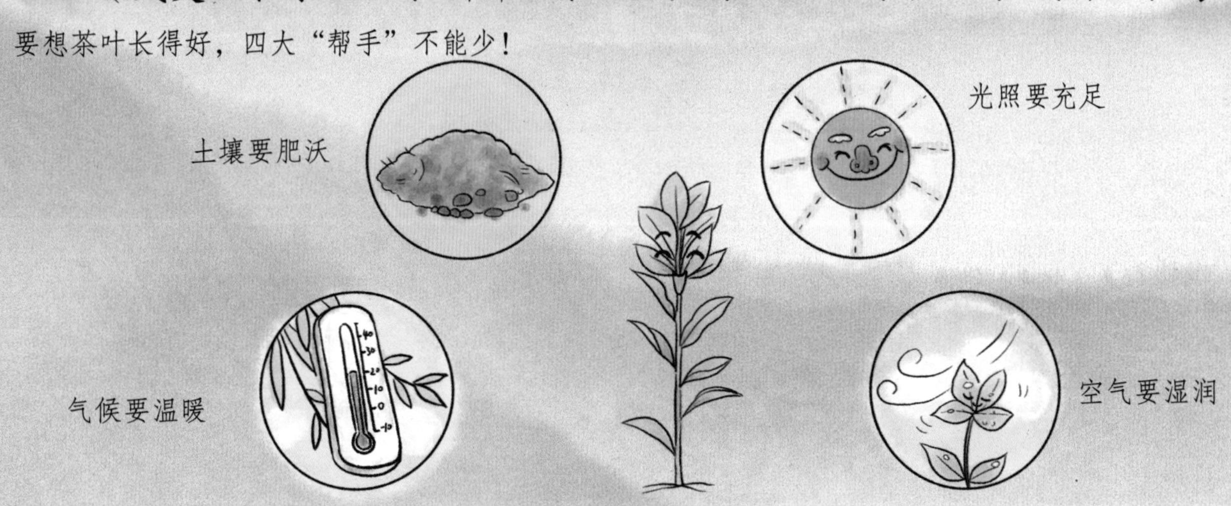

中国茶的分类

按品种和制作工艺的不同，中国茶分为六大种类：绿茶、黄茶、白茶、黑茶、青茶（乌龙茶）、红茶。

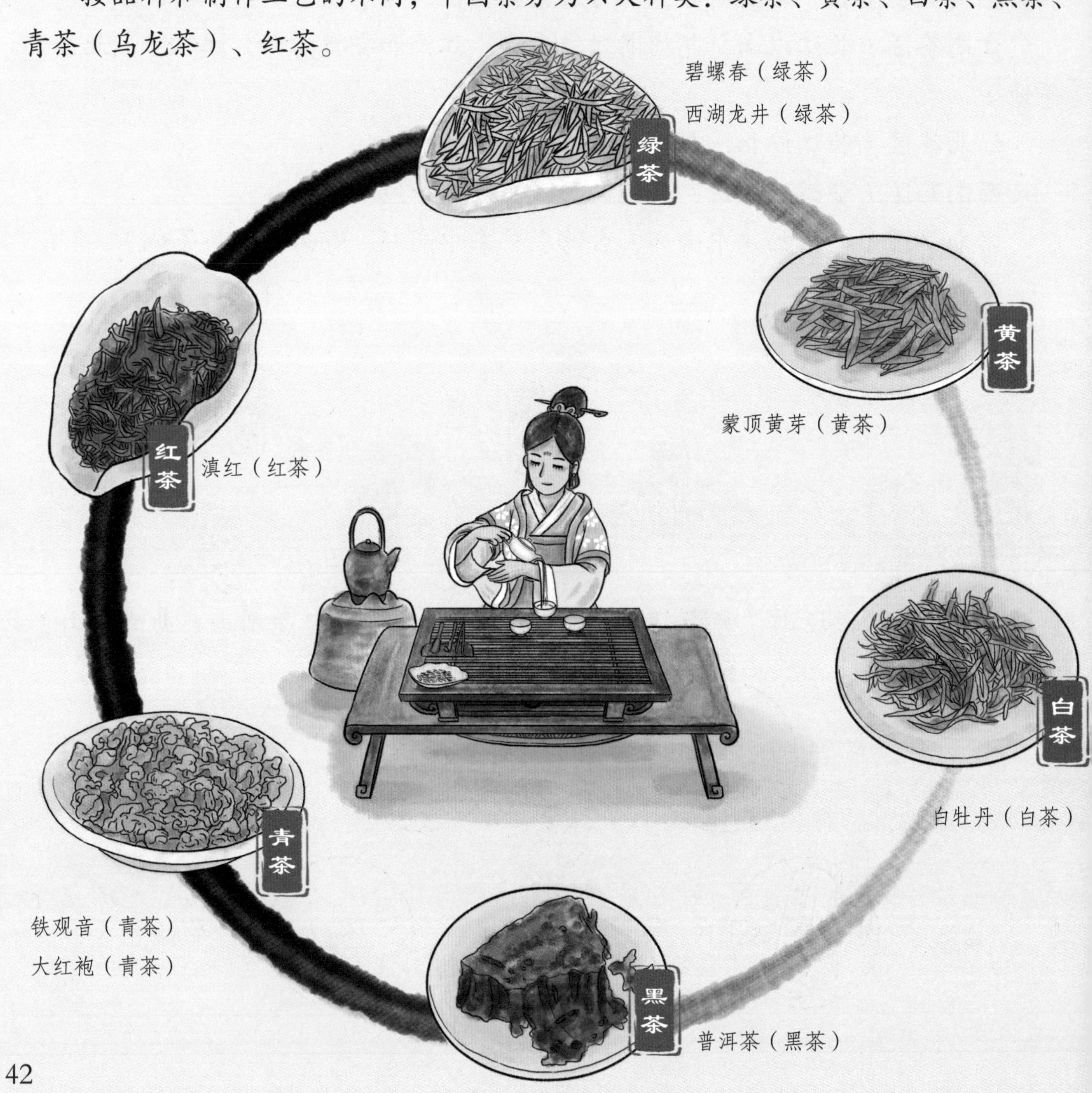

为什么采茶都集中在“明前、雨后”？

“明前、雨后”指的是节气“清明”前“雨水”后。

这时的茶叶刚刚发芽，不仅叶片最嫩，茶多酚、维生素等营养也最丰富，所以茶叶品质也最好。

采茶有讲究！

只能用手指指腹轻轻摘下芽叶，不可以用指甲掐断！

只能用透气性好的竹篓来装茶叶，不可以随便装在布袋里！

采茶的7个步骤为：备具、采取、入篓（篮）、盛装、放置、收青、运青。采摘时要使芽叶完整，不可紧捏，不可紧压，以免芽叶破碎、叶温增高；再则采摘后的鲜叶要放置在阴凉处，及时收青，并做到轻采轻放、竹篓盛装、竹筐贮运。

传统的茶叶是如何制作出来？

在古代，想获得茶叶可不像今天这么容易，要经过 12 个步骤：

1

锄地：去除杂草和石块。

2

播种：将茶树种子播种到地里。

3

施肥：改善茶树生长环境。

4

采茶：清明前后采摘茶树嫩芽。

5

炒茶：将茶叶放入锅中翻炒。

6

筛茶：将茶叶放到竹筛上揉搓。

晒茶：烘干茶叶

拣茶：挑拣品质好的茶叶

烘焙：将茶叶放到火上焙香

包装：打包茶叶，密封保存。

运输：将茶叶送达目的地，古代多用水运。

销售：各个商行拿到茶叶，进行销售。

中国茶的发展历程概览

商周

开始人工栽培茶树，已经出现了茶园。

先秦

茶叶有了多种用途。

两汉

开始制作茶饼，茶真正成为饮品。

魏晋南北朝

饮茶习俗进入大众生活，饮茶称为待客礼节。

唐代

陆羽创作《茶经》。中原与边疆开始『茶马互市』。

宋代

茶叶成为生活必需品，点茶、斗茶成为社会风潮。

明清

散茶代替团茶兴起，茶叶和茶器种类增多，风靡全世界。

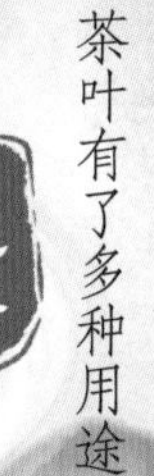

先秦两汉时期——茶文化的萌芽

中国人利用茶叶的三个阶段：药用→食用→饮用

药用

茶叶最早作为治病的药品，生嚼内服可以清热，外敷伤口可以消炎解毒。

食用

西周时，茶叶被作为祭品使用。从春秋到秦代，茶叶开始被当作食材，与粮食一起煮茶粥，或者凉拌作为茶菜。

饮用

汉朝人开始饮茶，追求茶的本味，并制作茶饼，方便运输买卖。当时的成都成为全国最早的茶叶集散中心。

孔子制定了最早的饮茶礼仪

站着敬茶时，双手要托住茶杯底座，两个大拇指轻轻压在杯盖上，面带微笑。

给别人敬茶时，要用双手递茶，身体微微向前倾。

喝茶时，要用杯盖轻轻拨开漂浮的茶叶，象征性地用杯盖挡住嘴巴。

喝茶时不发出声音，以示文雅和礼貌。

魏晋南北朝时期——饮茶进入大众生活

这个时期，饮茶成为平民风尚。人们开始对茶叶进行精加工，以提高茶的质量。

茶与宗教关系密切，许多名茶都出产于名山大川的寺院附近。

南北朝时期，社会分裂动荡，许多士大夫逃避现实，喜欢找朋友一起喝茶聊天。

有趣的小知识

“以茶代酒”的习俗是怎么来的？

传说三国时期，吴国的国君孙皓特别爱喝酒，经常拉着大臣摆酒宴。

其中有个大臣叫韦曜，很有才华，孙皓特别赏识他。但韦曜酒量不大，一杯就醉，而且喝醉了之后要么耍酒疯，要么大病一场。

孙皓怕他喝酒伤身体，于是每次宫中设酒宴时，就派人把韦曜喝的酒换成茶。因为汤色相近，别人也看不出来。

从此，以茶代酒，就作为一种习俗，沿袭到了今天。

唐代——茶文化初步兴盛

唐代饮茶文化盛行，茶文化趋于成熟。杀青、揉捻、烘干等制作工艺得到大幅改进，茶叶口感和香气也有了质的飞跃。

唐朝蒸青团茶的制作流程已逐渐完善。

制作流程：

1. 采摘新鲜茶叶
2. 洗净放到火上蒸，去除青草味
3. 放入臼中捣碎
4. 放入大小不同的圆形模具中拍紧压成饼状

我研究了一辈子茶，还写了世界上第一部茶叶的专著《茶经》，大家都叫我“茶圣”。

文成公主与茶的传播

文成公主非常喜欢喝茶，她进藏成亲的时候，嫁妆里带了很多茶叶。

这是什么？
这是我们中原的茶叶。
茶
茶

我们这里海拔高，又冷又干，种不出庄稼和蔬菜，只能吃肉和奶制品。
不用担心！喝茶可以解腻，还能提供维生素等营养物质。

茶是血！茶是肉！茶是生命！
宁可三日无肉，不可一日无茶！

茶叶在边疆民族中迅速普及，逐渐成为当地人不可缺少的一种食品。

藏族酥油茶

藏族群众独有的创造。酥油是从牛奶、羊奶中提炼出的一种脂肪，把酥油加入茶水中，再放盐或奶渣调味，可御寒保暖，营养价值很高。

茶马古道——世界上海拔最高的文明古道

随着唐代民族大融合，藏区对茶叶的需求量大大增加，茶叶贸易迅速兴盛。在中原和藏区之间，逐渐形成了用来交易茶叶和马匹的贸易通道——茶马古道。

茶马古道的三条路线：

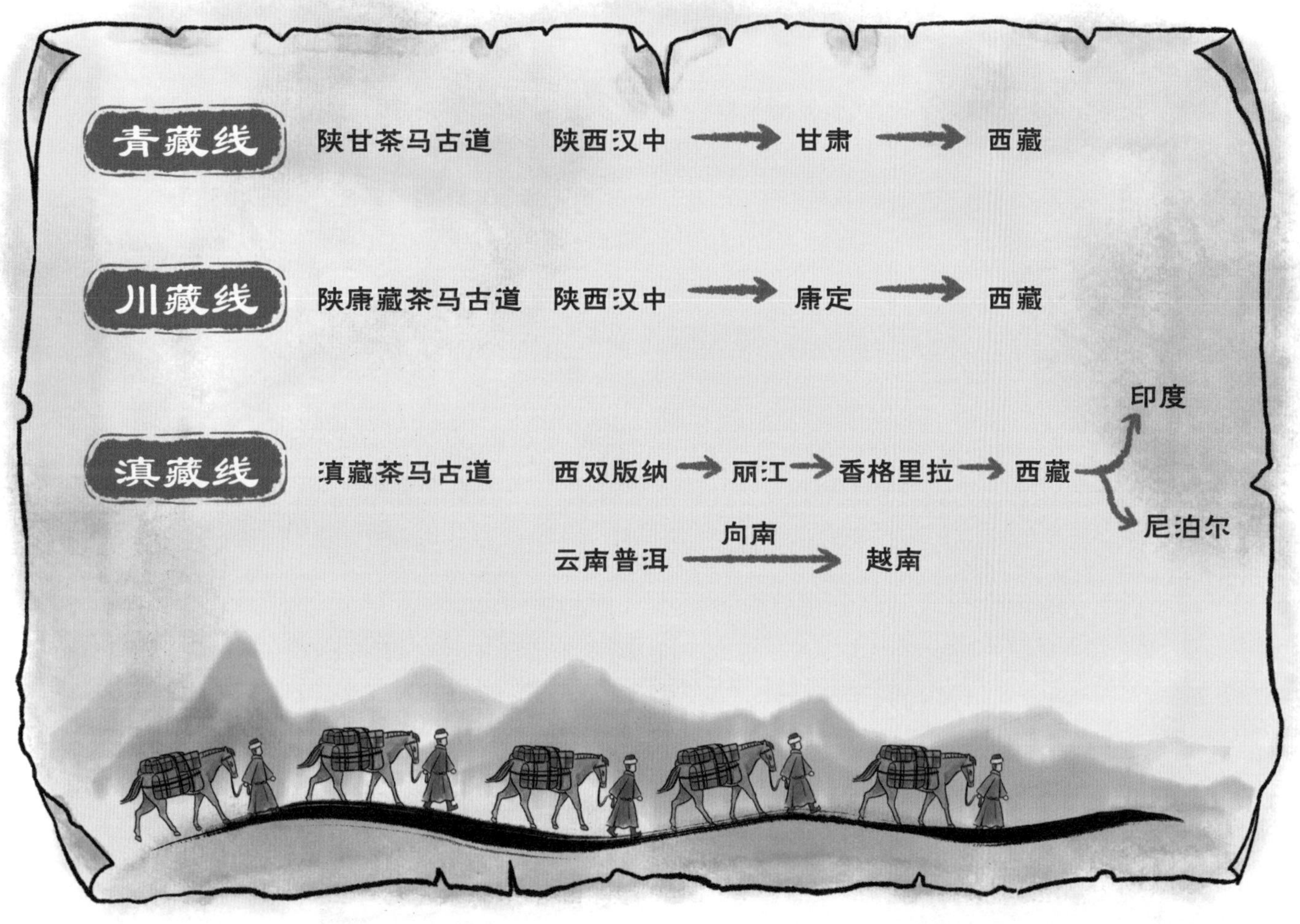

茶马古道几乎横穿了青藏高原，路上地形复杂，山路险峻，非常危险。人们在路上用骡马驮货物，结伴一起走，就形成了马帮。

宋代——茶文化空前繁荣

宋代各地名茶繁多，制茶程序进一步简化，茶叶产量大幅增加，茶成为民众日常生活的必需品。

龙凤团茶

宋人在茶饼上装饰了很多精美的龙凤花纹，专供御用，标志着宋代饮茶已经上升到了审美的高度。

诗人陆游，出生于茶乡，做过茶官，一生写过三百多首茶诗。

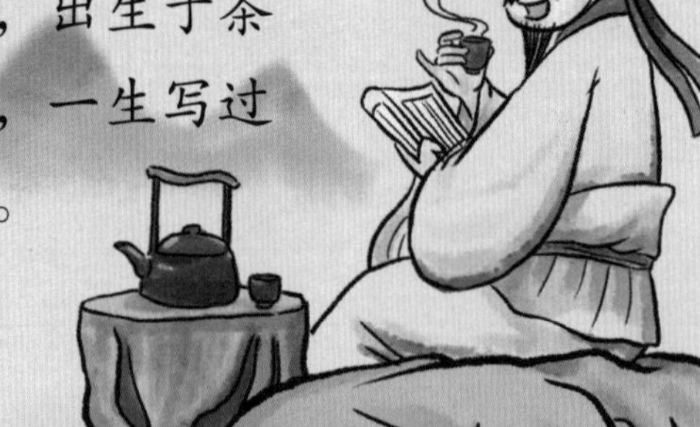

我打仗都要带着茶，天天喝。论品茶，谁也比不过我！

斗茶——宋代文人的“雅玩”

每年春茶上市时，茶客们就会举行斗茶活动，评比新茶的优劣，是宋代流行的社会文化风潮。

怎么比？一斗汤色，二斗水痕。

汤色：纯白者胜，青白、灰白和黄白者负。

茶汤纯白，代表茶叶肥嫩，制作恰到好处。其他颜色则是火候或采摘时机不对。右边颜色发黄，左边色泽更白，所以左边胜！

水痕：击拂茶汤出现的泡沫，持续时间长的胜。

泡沫持续时间长，代表茶末研磨得细腻，点茶技术好，因而泡沫可以久聚不散。右边泡沫稀疏，更早出现水痕，所以左边胜！

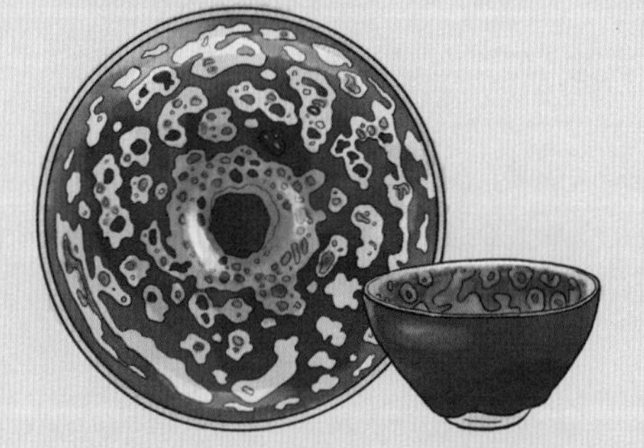

曜变天目盏：最珍贵的建盏种类，目前全世界只有三只，都保存于日本。

斗茶神器——黑釉建盏

黑色最能衬托茶汤的白色，而且建盏胎体厚重，里面有细小的气孔，利于茶汤的保温，所以建盏在宋代成为最上乘的茶器之一。

风雅诗意的茶文化

宋代是我国饮茶活动最活跃的时代。民间茶楼饭馆中，有丰富多彩的饮茶文化，反映了宋人极致的生活美学。

茶百戏

又称“茶丹青”，是一种利用茶末和清水，使茶汤中显现出文字和图案的独特技艺。主要以山水、花鸟等景物为题材，营造独具韵味的意境美。

茶果 / 茶点

宋人品茶时，还要配上雅致味美的糕点。茶点选料考究，外形精巧，不仅要能果腹，还必须色香味俱佳，与茶味和谐搭配。

历史小知识：茶叶在中国历史上曾被用作货币

宋朝商业繁荣，铸币的速度赶不上经济发展的需要，而且在边疆地区，很多部族没有货币，纸钞和钱币都难以通用。因此只能使用茶叶制成的茶砖来与边疆人民进行以物易物。在这个过程中，茶叶化身为一种货币，对商贸起到了促进作用。

明清时期——中国茶的鼎盛时期

这个时期，散茶兴起，逐渐取代团茶。中国茶开始传播到国外，风靡全世界。

团茶　　散茶

明清瓷器发展到一个新的历史高峰，带动了瓷器茶具走进千家万户。同时，随着制作工艺的发展,茶具的种类也百花齐放,并融合了多种富有创意的艺术元素。

紫砂茶具，特别受文人追捧，以宜兴紫砂最为出名。

青花瓷茶具，高雅奢华，景德镇生产的青花瓷茶具冠绝全国。

清代珐琅彩茶器，华美绚丽，有独特魅力。

有趣的“茶人茶事”

人们的饮茶活动与文学、艺术等方面紧密结合，推动茶文化发展到鼎盛。

张岱：“我不仅喝茶，还会制茶，
还知道哪里的水泡茶最好喝，
茶道专家非我莫属！”

唐伯虎：“朋友们都出来聚聚！我找了个风景超美的大院子，可以品茶读书、弹琴作画，生活多美好！”

蒲松龄：“知道《聊斋志异》是怎么写出来的吗？我在路边摆了个茶摊，过路的人喝茶可以不用付钱，只要讲个故事就行。我把这些故事记下来，就写成了书。”

茶戏

产生于清代，流行于中国南方的戏曲，融合了黄梅戏、粤剧等剧种，大多用当地方言演唱，种类繁多，特色鲜明。

中国人饮茶方式的四次大演变

唐以前——煮茶法

直接采摘茶树的叶子，投入水中，放葱、姜、盐等调味，然后像喝菜汤一样连茶带水喝进肚。

唐——煎茶法

将茶炙烤后碾成茶末，放到锅中煎煮，等水沸腾时加盐调味，以去除苦味。

唐人所绘《宫乐图》，反映了典型的唐代煎茶喝法。

宋——点茶法

喝茶时，先将饼茶碾成细细的粉末，注入开水，然后用茶筅快速击打，使茶水充分交融，直到茶盏中出现大量白色茶沫时饮用。日本的茶道正是起源于此。

明清——泡茶法

直接将茶叶放在茶壶或茶盏中，用沸水冲泡即可。这种泡茶法非常简便，流传至今。

潮州工夫茶——中国最具代表性的茶道

茶道，是一种通过泡茶、品茶来感悟人生的修身养性的美学艺术。在中国，潮州工夫茶已有千年历史，集技术、礼仪和情感于一体，蕴含着博大精深的茶文化精神。

工夫：

在潮州话中是“细致、用心”的意思，不能写成“功夫”哦！

听说你是有名的工夫茶大师！特来挑战！
功夫

茶具最讲究

泡工夫茶需要非常精良的茶具器皿，一套完整的茶具包含了十多种茶器。其中，紫砂壶、薄瓷杯、烧水陶壶和潮汕烘炉是必备的“四宝”。

只摆三个杯子

泡茶时，不管多少客人，都只用三个杯子。第一杯茶一定先给左手第一位客人，每喝完一杯就要用滚烫的茶水洗一次杯子，然后再把带有热度的杯子给下一个用。这种习俗主要是表达人与人之间团结谦让的美德。

喝茶分三口

品茶的“品”字是由三个“口”组成的，所以一杯茶要分三口喝完。一口啜，二口品，三口回味，直至充分体验到茶香，才能一饮而尽。这正是工夫茶的三个境界。

多彩多姿的中国民间茶俗

几千年来，中国人的饮茶习惯在不同的地方不断沉淀，形成了多元化的民间茶俗，这些都是中国茶文化的重要组成部分。

成都盖碗茶

盖碗由茶盖、茶碗、茶托三部分组成，盖为天，托为地，碗为人。既可以当茶壶用，也可以当茶碗用。

老北京大碗茶

早年小贩挑担在老北京城走街串巷，带着大瓦壶和几个茶碗边走边吆喝，让过路的人歇脚解渴。

广东早茶

早茶通常包含一盅茶、两个点心。早茶也被当作早餐，是当地一种社交饮食习俗。

白族“三道茶”

当有宾客来家中时，主人依次向宾客敬苦茶、甜茶和回味茶，象征对人生的感悟。

纳西族“龙虎斗”

将煮好的茶水与白酒混合，是一种茶与酒同饮的特殊饮茶方式，也是治疗感冒的良方。

土家族“擂茶”

用生米、生姜、生茶叶擂制而成，又名“三生饮”，主要在湖南、福建、广东等地流行。擂茶可以消暑散寒，土家族人视其为三餐不可或缺的饮品。

世界各地的饮茶习惯

全世界有一百多个国家和地区的人都喜欢饮茶，每个地方的饮茶方式各有千秋。

英国人：下午4点就饿了，给我来一份红茶加点心！

俄罗斯人：我们喝茶要加酒，让身体更暖和！

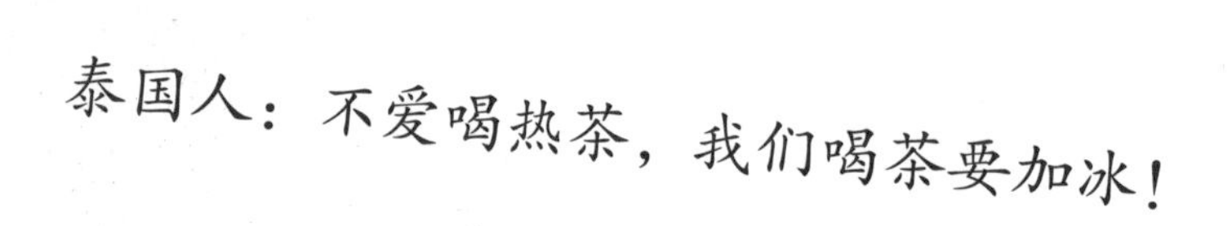

泰国人：不爱喝热茶，我们喝茶要加冰！

阿根廷人：马黛茶见过吗？要用吸管喝！

茶的好朋友

茶 + 花——花茶

可以制作茉莉花茶、玫瑰普洱茶。

茶 + 水果——果茶

可以制作西柚红茶、柠檬百香果茶。

茶 + 牛奶 + 珍珠——珍珠奶茶

珍珠奶茶：最早在台湾盛行，“珍珠”是用木薯粉做成的粉圆，风味多样。

茶 + 牛奶——奶茶

蒙古奶茶：当地人还喜欢在其中加盐，喝咸奶茶。

动动手

小朋友，看看家里有些什么原料，我找到了茶叶、牛奶、水果、糖、巧克力，还有冰块，让我们一起制作一款好喝的茶吧！

现代茶饮的新方式

通过茶叶深加工，人们开发出了许多具有新功能、新形态的茶产品。

袋泡茶

将茶叶加工成碎末装在纸袋中，放在茶杯中用开水浸泡，方便携带。

速溶茶

通过萃取、过滤茶叶中的可溶物，经过浓缩、干燥制成的固体茶饮料。无茶渣，兑水即可饮用。

茶粉

用鲜茶树叶经特殊工艺处理后，粉碎成的纯天然茶叶粉末，具有茶叶原来的色泽和营养，作为添加剂，广泛用于蛋糕、冰淇淋等食品中。

液态茶饮料

通过茶叶浸提或浓缩茶汁的调配加工，制成的液态罐装饮料。即开即饮，已成为大众化的饮料。

用茶叶做成的特色美食

经过茶叶调味的菜肴，更加清新可口。

茶叶蛋

普洱茶炒牛肉

龙井虾仁

茶香鸡

茶香豆腐干

茶叶在生活中的小妙用

茶叶本领大！在生活中也有许多小妙用，快来试一试吧！

去污

用茶渣擦洗餐具和灶台，去油污效果很好！

除味

将茶渣放进冰箱，可以吸附异味。

肥料

将冲泡过的茶叶埋在花盆里，花草会长得更茁壮！